梦想家居
就该这样装！

FASHION & TRENDS
—— 小资时尚 ——

凤凰空间·天津 编

最实用·最简单·最省钱！
拒当菜鸟，你真正需要的家居宝典！
让你五分钟内变身家居百科达人！

U0343193

江苏科学技术出版社

Fashion & Trends

小资时尚

空间组织不再是以房间组合为主，空间的划分也不再局限于硬质墙体，而是更注重会客、餐饮、学习、睡眠等功能空间的逻辑关系。通过家具、吊顶、地面材料、陈列品甚至光线的变化来表达不同功能空间的划分，而且这种划分又随着不同的时间段表现出灵活性、兼容性和流动性。

风格上，室内墙面、地面、顶棚以及家具陈设乃至灯具器皿等均以简洁的造型、纯洁的质地、精细的工艺为其特征。家具突出强调功能性设计，设计线条简约流畅，家具色彩对比强烈。

室内家具、陈列品及灯具的选择都要从整体设计出发。家具的选择要符合人的生活习惯及肌体特性，灯光则要注意不同居室的灯光效果要有机的结合起来，陈列品的设置尽量突出个性和美感。配饰选择尽量简约，没有必要显得"阔绰"而放置一些较大体积的物品，尽量以实用方便为主。

目录
CONTENTS

暗如醇香·拈花微笑

设计师：丁培瑞

设计公司：福州国广装饰

项目面积：130 平方米

项目地点：福建 福州

主要材料：大理石、楼兰陶瓷、亚泰橱柜

以简为概念，化繁为简，用暖色灯光来诠释人文的生活态度。以使用者的需求为本质，除去繁复的设计，让思考回归原点，让空间回归纯粹。如果生活追求的是一种默契，那么空间追求的则是一种自然和谐的生活品质。

 整体空间舍弃了封闭式的多重隔间设计，改用开放式的配置，让空间与空间之间，赋予更多的互动可能，让烹饪、娱乐、阅读都得以在这个开阔无碍的空间里发生。

 客厅选用皮革质感的沙发，配上镜头样
式立灯，尽显主人的生活情趣。

色彩对比强烈，简洁的白色配上沉重的黑色，传达简练稳重的氛围质感。同时运用轻装修重装饰的概念，减少过多的造型，让空间如同好酒般越陈越香，不追随潮流且深具人文气息。

主要装修材料以大理石、壁纸为主，以大理石的细腻婉约，壁纸的朴素大方来装饰墙面的景点。

现代时尚的色彩运用主要有两种夸张的颜色对比，如采用大红色、明黄色等造成视觉冲击力；或者如黑色、咖啡色等，带着浓烈的魅惑气息。

远雄新未来 H48-D2 户样品屋

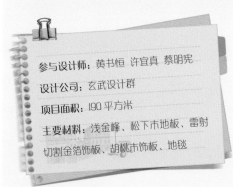

参与设计师：黄书恒 许宜真 蔡明宪

设计公司：玄武设计群

项目面积：190 平方米

主要材料：浅金峰、松下市地板、雷射
切割金箔饰板、胡桃市饰板、地毯

玄武设计在本案中以 Art Deco 作为风格主题，运用了许多看似徒手制的随机、感性线条，以及寓意式的装饰，在空间中潇洒地解除了理性、几何、秩序连结的机械魔咒。

玄关大理石地面拼花与屏风图案的花卉变形，个性而随意的线条，
通过最简约的形式和材料，以大胆构图的形式彰显其品味。

餐厅与起居室之间，以 Art Deco 随
性风格线条镶嵌的玻璃门区隔。门
开启时，两个空间可以合为一个较
大的社交空间；关闭时，又各自享
有独立的隐密感。设计者的用心，
在空间的开阖之间，可见一斑。

餐厅上方的水晶吊灯，增添了几分奢华感。核桃木色的门框与餐桌，搭配米白色的古典钉扣餐椅，深浅相衬，更显大方。

家具配置上，白亮光系列家具，独特的光泽使家具倍感时尚，具有舒适与美观并存的享受。这也是一种现代简约风格。

主卧的重点，是半开放式的更衣室。更衣室的橱柜采用开放式的橱窗陈列，让人有如身处精品专柜贵宾室的感觉。利用镜面与玻璃，让空间完全没有闭塞感，也让稳重的主卧空间，多了一分亮丽的跳跃感。

更衣室的照明设计，充分考虑到了使用者的习惯。
柔和的灯光，让主人取用或寻找衣物时，更为清楚
方便。开放式的陈列，让使用者一目了然。更有陈
列珠宝首饰的台面，方便女主人配搭衣饰。大户的
惊人风采，让人欣羡。

天健现代城空中别墅

设计师：王五平

设计公司：深圳五平设计机构

项目面积：350 平方米

项目地点：广东 深圳

主要材料：多乐士乳胶漆、抛釉砖、灰境、金属马赛克等

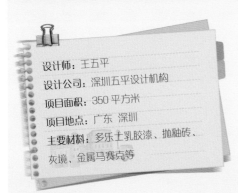

有着城郊的幽静，能看到大运会馆的全貌，顶层视界无遮挡；挑高的阳台，蓝色的氤氲，栏杆处，晚风撩动的是一份休闲自然，怡情怡乐的心境。三层楼的空间，透过玻璃，看到楼梯步级之间的层次关系，与深灰色的铝合金玻璃幕墙，构建了一幅完美的建筑之美。

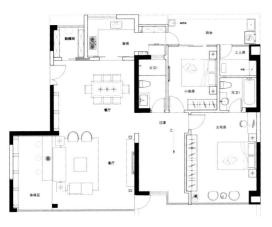

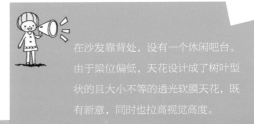

在沙发靠背处，设有一个休闲吧台。由于梁位偏低，天花设计成了树叶型状的且大小不等的透光软膜天花，既有新意，同时也拉高视觉高度。

在一楼空间里，左边一个小入户花园设计改造成一个鞋帽间，既实用，也避免了鞋摆在地上凌乱不堪的现象，同时也实现了鞋帽间门和厨房门统一相和谐的关系。

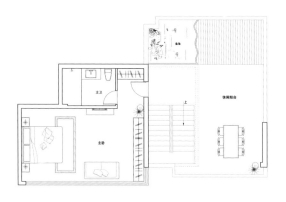

 餐厅深色和浅色强烈的对比和造型现代的桌椅，加强了空间的现代感。

 超大的二楼主卧空间，整排的落地窗装饰着白色窗纱，带有些许奢华之意的床头背景和白色的皮质软包床，相得益彰，整个空间让人无不心驰神往。

从二楼楼梯厅出去，有一个超大 L 型阳台，设计有假山、水池、游鱼、植物、灯光、休闲桌椅，和着徐徐晚风，相信美轮美奂的境界也不过如此了。

小贴士

现代简洁风格中室内家具、灯具及陈列品的选择都要从整体设计出发。家具的选择要符合人的生活习惯及肌体特性，灯光则要注意不同居室的灯光效果要有机地结合起来，陈列品的设置尽量突出个性和美感。配饰选择尽量简约，尽量以实用方便为主。

漫步方城

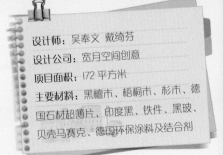

设计师：吴奉文 戴绮芬

设计公司：宽月空间创意

项目面积：172 平方米

主要材料：黑檀市、梧桐市、杉市、德国石材超薄片、印度黑、铁件、黑玻、贝壳马赛克、德国环保涂料及结合剂

这是一个从预售屋阶段即开始规划的案子，我们利用建商配置的建材和客户变更设计时卫浴及隔间重新规划的优势，使屋主节省了部分的硬件工程费用，将较多的预算分配在精致的软装和丰富生活机能的设备上。我们以建商配置的建材为基础，再以屋主的兴趣和生活习惯来铺陈空间的表情。由于屋主十分喜欢亲近大自然和惬意的生活，于是我们特别将大量造型雅致的意大利户外家具配置于黑白简约的场域里，并使用了许多石材、实木和贝壳，让种种自然元素能与现代的空间融合，型塑出独树一帜的专属风格。

玄关入口，一道黑石材壁面矗立在眼前，同时延伸成为重新规划后的隔间墙，运用于电视主墙、主卧室与儿童房，德国石材超薄片经过裁切、拼贴过后，形成如城墙般的意象。房门高度是同天花板高度一致的 275 公分，让空间大气宽敞，加上每道房门口两侧搭配锻铁壁灯，俨然是现代版简约城堡。

 在沙发背景墙上设计了一个开放与隐闭兼具的置物柜，梧桐木染黑架构木柱，白色铁件构成轻薄层架，而白色门片由大大小小的矩形组合而成，运用黑白、轴线、材质交错的手法，构成对比强烈却又具平衡感的量体。另一方面，由于客厅落地窗宽度不大，因此刻意将落地窗帘位置向内移做成整面墙宽幅的米白色半透光拉帘，营造更为大气开阔的视觉效果。

规划开放式餐厨来营造宽敞的空间感，并设置可容纳超过 10 人的大餐桌，好满足屋主周末招待家族亲友的需要，而餐厨之间采用吧台作为两者连接，平日也是上网、喝茶的休闲角落。最令人感到惊喜与贴心的是餐厅旁的橱柜设计别有巧思，宽月将客厅展示柜造型的概念延伸，梧桐实木作为粗厚层板，而白色铝板看似固定实则可左右移动，端视需求选择遮蔽或开放展示，提升柜体的功能性，又能避免过于杂乱的物品破坏空间美感。

 主卧室色调雅致，床铺与天花板之间以铁件自然垂挂白色帘幔，搭配床侧的有如海星般闪着光芒的吊灯，到了夜晚好不浪漫，而经过调整的浴室动线，将梳妆、洗手台动线予以串联，阶梯式动线设计巧妙区隔浴室水气问题，转身一看梳妆区更是令人会心一笑，拒绝与洗手台面一致的方形镜面，圆形镜框刻意不规则高低排列着，既实用又多了装饰的视觉效果。

装饰特征介绍：

1. 风格特点：室内墙面、地面、顶棚以及家具陈设、灯具器皿等均以简洁的造型、纯洁的质地、精细的工艺为其特征。

2. 家具特征：家具突出强调功能性设计，设计线条简约流畅，家具色彩对比强烈，这是现代风格家具的特点。

3. 配饰特征：一些线条简单、设计独特甚至是极富创意和个性的饰品都可以成为现代简约风格家装中的一员。

 刚出生的小儿子的房间装饰着粉绿色的黑板磁性漆墙面，配上柔软的白色卷毛地毯，结合白色橡木的树型衣帽架和一张设计巧妙又简约雅致的可爱婴儿床。方便的组合调整 BABY 可以从 0 岁睡到 2 岁，让宝宝每天在自然舒适的空间里安心入眠，快乐长大。

 另一间儿童房让人充分感受到奢华的幸福。大女儿 Ariel 房以 Anna sui 的紫色浪漫为主题，入口紫色壁面以小树壁贴装饰，树枝挂勾披上小主人专属浴袍，还有床头柔美的床幔，充满童趣又梦幻，阅读区再搭上一张花苞单椅，备受宠爱的 Ariel 就好似小公主般，拥有属于自己的甜蜜小天地。

蓝色顶层复式公寓

设计师：Thomas Dariel

设计公司：Dariel Studio

项目面积：400 平方米

主要材料：乳胶漆涂料、油漆、实木复合地板、玻璃、大理石、镜面、护墙板

对于任何一位室内设计师而言，为一个家庭打造一个集功能性和吸引力于一体，同时又独一无二的家是项艰巨的任务，而 Thomas Dariel 接受了这样的挑战。经过了数月的翻新和整修，设计师彻底地将原有空间转变为一个宽敞、精致而现代的顶层公寓。在这个风雅的公寓设计中，每一处细节都凝结着设计师的巧妙心思。

宽阔的挑空客厅凸显了空间的结构
感和现代感，大面积地使用飘窗在最
大程度上增加了采光。原先客厅外的
小阳台也被打通作为新的室内空间，
增大了客厅的休闲区域。

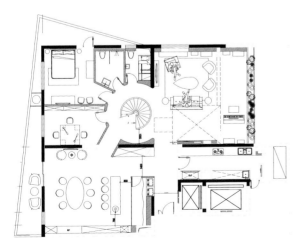

餐厅的设计符合此公寓的高品质标准。暖调的蓝灰色氤氲着整个空间的木质墙板，Darie 在天花板和墙板上随意地利用非常规化的线条来平衡古典与现代的气息。相呼应地，餐厅中央放置了一张十分独特的 B&B 几何形餐桌，搭配造型复古而舒适的餐椅。

Dariel 同时也希望改变各个空间连接的方式。因此楼梯被重新设计并安置在整个空间的中心位置。犹如一件艺术品，这座白色的旋转楼梯同时也兼具了连接各个房间的作用。它是这间公寓结构的点睛之笔，亦是整个设计的核心。为了凸显这一概念，楼梯那简洁而流顺的圆弧形线条在黑白不规则拼接大理石地砖的映衬下，犹如一方流转着现代感与艺术气息的舞台，与四周装饰着典型的法式线型木质墙面形成强烈对比。旋转楼梯、地板和墙体构成的圆形空间呈现出和谐优雅的气质。

每个房间之间流顺的切换， 重复而对称的法式线型不断地在整个空间中上演，隐形门的设计满足私秘性的需求且不破坏空间的韵律，蓝色的运用散发令人放松慰藉的质感。这些重要的设计元素无一不渲染出整个空间的悠然和雅致。

空间组织不再是以房间组合为主，空间的划分也不再局限于硬质墙体，而是更注重会客、餐饮、学习、睡眠等功能空间的逻辑关系。通过家具、吊顶、地面材料、陈列品甚至光线的变化来表达不同功能空间的划分，而且这种划分又随着不同的时间段表现出灵活性、兼容性和流动性。

广兴源 3E

设计师：Marco
设计公司：戴维斯室内装饰设计（深圳）
有限公司
项目面积：100 平方米
主要材料：意大利灰大理石、溪沙米黄
大理石、玛瑙玉石、墙纸、扣布、软包
布艺、褐尼斯市饰面

设计以清新简约为中心，玻璃和镜面，引导出空间的动线，同时也流露出时尚个性的气息。让身处繁华都市的日与夜变得简单而崇尚。从各角度观看，一种休闲主义弥漫整个空间，简洁明快的线条，自然的艺术色彩，通透的空间……悄然营造出一个度假式休闲酒店的舒适空间。

客厅沙发背景墙采用了大面积的的大理石，华丽而庄重。皮质的拼格地毯，让空间热烈起来。

 半开放式的餐厅在落地窗前，餐桌上的灯饰
用了下吊的烛台，显得浪漫美好。

地面材料：有自然色调的木地板、木条镶花地板、石料、花砖、地毯、软料(橡胶或塑料)彩砖，也可以用毛料或麻制成的粗毛地毯。

 主卧背景墙采用欧式雕花，奢华古典而又不显繁琐。卧室地面用

叶子图案的地毯，优雅而不失朝气。

 孩子的卧室在窗边，采用内嵌式，虽然紧邻窗户，但是很有安全感。节省了空间还显得温馨。

上田小区黑白配

设计师：叶建权 叶蕾蕾

项目面积：185 平方米

项目地点：浙江 温州

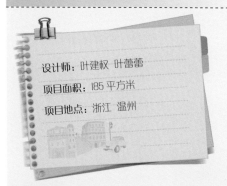

在家居界，Fusion 代表一种独特的品位，传递着主人对于生活的深刻领悟。经常出国旅行的人和收藏家从世界各地带回许多艺术品装饰室内。只有对每种文化精髓具有深度洞察力和鉴赏力的人，才可能成功驾驭"跨界"的语言，古今东西在跨时空的对话中找到了新的共存方式，大胆地塑造出专属的风格和态度。

客厅沿用黑白搭配，用粉色来点缀空间，让客厅显得活跃热烈。

 餐厅装饰简单的长桌，增加就餐空间，繁复铁艺
的吊灯让空间显得丰富。

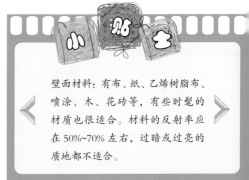

壁面材料：有布、纸、乙烯树脂布、
喷涂、木、花砖等，有些时髦的
材质也很适合。材料的反射率应
在50%~70%左右，过暗或过亮的
质地都不适合。

空间用了黑白色搭配，没有其他多余的配饰，简单
却不失时尚感。

 卧室也是极简的黑白拼接，白墙黑地板，将现代简约的感觉淋漓地发挥出来。

大东城二期 B1 复式样板间

设计师：潘旭强 刘均如

设计公司：深圳市尚邦装饰设计工程

有限公司

设计所要表达的是对生活的诠释，将人们所注重的生活细节在一处空间中表达出来，让人们可以直观地看到、想到、体会到。

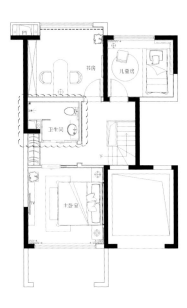

沙发背景墙用了金色的硬包，和地面的黄色地毯相呼应，营造出金碧辉煌的氛围。

餐厅和客厅是开敞的，用金属线性隔断阻隔餐厅和玄关空间，相同间距的金属隔断，让两个功能区隔开但又没有阻绝连系，空间通畅。

小物品和小饰物：要用赏叶类植物或柔和的花卉充分装饰。可用大理石等石材做的摆设和石膏像等。

卧室用了仿金属材质的壁纸，增强了现代时尚感，纯黑的新古典吊灯，加强了空间的奢华感，和浅色的空间色调形成鲜明对比。

卫生间用了整面镜子墙，让原本不大的空间在视觉上拓宽了。

典雅序曲

设计师：黄可树

设计公司：福建国广一叶建筑装饰设
计工程有限公司

项目面积：150 平方米

主要材料：灰色微晶石、墙纸、古典
线条、软包、黑镜

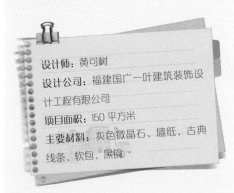

本 案例为奢华时尚风格特色，从动线的更改到材质的选定，从
空间的视觉秩序到光影的变化延伸，无不为了呼应奢华的特
质及戏剧的张力性，从而架空出设计师强有力的设计语言。

空间整体选用灰色微晶石铺砌深邃的墙面主题，不仅漫射出炫丽的光泽，更有聚集视线的作用，借由复制内部生活影像产生的叠影效果，形成华丽且引人注目的端影装置。

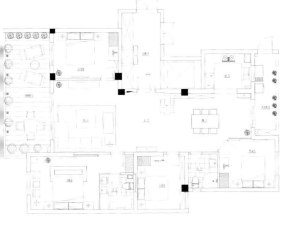

餐厅与客厅区域采用开放式规划，灰色微晶石材质从沙发背景墙延伸开来，成为餐厅的主要端景墙面，同时将进入私密区域的入口包含其中，围塑空间里立面纯粹的协调。凭借材质的效果，为开放式的厅区营塑深邃沉稳的氛围，与古典线条一起形塑优雅的家私，共同酝酿空间里的典雅序曲。

主卧的卫生间采用玻璃隔墙的开放式设计，
打破了传统的卫生间的私密性，大胆时尚。

简约风格装修多采用几何线条装饰，选用的色彩也较为跳跃明
快，在色彩设计上受到现代绘画流派思潮的影响较大。往往通
过强调原色之间的对比协调来追求一种具有普遍意义的永恒艺
术主题。所以在简约风格装修家居中装饰画、织物的选择对于
整个色彩效果也起到重要的作用。

东方名都花园

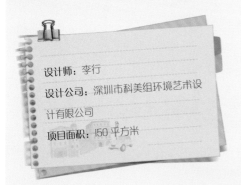

设计师：李行

设计公司：深圳市科美组环境艺术设
计有限公司

项目面积：150平方米

苹果时尚——科技是生活的艺术家。乔布斯创造了一个神话，我们用神话创造时尚。这里的时尚不是科技的硬朗，这里的时尚是欢乐的"厅堂"。让科技写意生活，展现生活艺术。

餐厅餐椅用了纯白的现代造型的椅子，时尚感极强。

 客厅用了矮隔断，将客厅分为客厅和书房，
时尚而又节省空间。

在材料的选择上，不再仅仅局限于传统的木材、石材、面砖等天然材料，而是扩大到玻璃、塑料、金属、涂料以及合成材料上，运用材料之间的结构关系表现出一种区别于传统风格的新室内空间氛围。要注意的是，在材料之间的交接上往往需要特殊的处理方法及精细的施工工艺才能达到预期的效果。

 卧室整体色调主要以白色为主，相交的圆形墙纸图案让空间看起来显得理性化。

九龙仓时代晶科名苑样板房

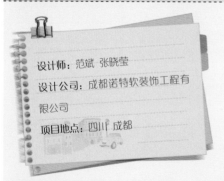

设计师：范斌 张晓莹

设计公司：成都诺特软装饰工程有限公司

项目地点：四川 成都

整体以灰色、米白色、浅咖色为主，白色、金色等作为点缀色。家具多以中性色且富有质感的布料及亚光木质为主要材质，搭配少量的金属饰品，硬软结合，在舒适的同时也体现了时尚。通过后期软装中的台灯、落地灯等辅助光源，丰富灯光层次，体现了现代温馨的感觉。整个空间体现着精致、简洁、内敛的特点，凸显出主人内在气质的凝练和外在表现的升华。

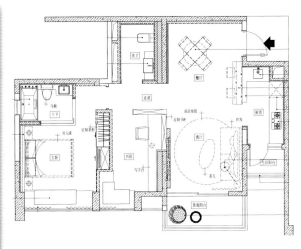

 客厅电视墙、电子壁炉一体设计，满足试听和取暖的功能。

餐厅背景酒柜设计，满足就餐和品藏功能。

 开放式厨房，冰箱橱柜一体化和早餐台兼吧台
设计，满足烹饪和简餐功能。

 带转角的双面书架，可供客厅、走廊、书房同时使用，兼顾隔断、装饰、储物功能。

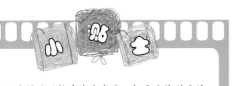

现代简洁风格中室内家具、灯具及陈列品的选择都要从整体设计出发。家具的选择要符合人的生活习惯及肌体特性，灯光则要注意不同居室的灯光效果要有机的结合起来，陈列品的设置尽量突出个性和美感。配饰选择尽量简约，没必要为显得"阔绰"而放置一些较大体积的物品，尽量以实用方便为主。

 主卧室，衣柜兼并电视柜功能，满足试听、贮藏功能。

光源设计充分引入室外光源，提高光照有效性，达到节能环保。

宁心之境

设计师：吴奉文 戴绮芬

设计公司：宽月空间创意

项目面积：148 平方米

主要材料：碳化市石英砖、火山岩、
檀市、杉市、秋香市、印度黑、铁件、
黑玻、海岛型市地板

本案的主人乐善好施、广结善缘、精通琴棋书画并收藏各类经书艺品，也乐于与友人们分享。有别于一般住宅设计，我们将本案设定为私人招待所的性质，方便屋主宴客、聚会、友人留宿，因此更加注重人与人的连系、互动。好客的主人擅长弹奏钢琴，欲将演奏钢琴置入，也因此重新给予适当的格局动线配置。

以架高地面概念围合出钢琴、书房区域，轻柔优雅的弧形线帘隐约区隔两者，彷佛一座小舞台般，由此为精神主轴向外发展开放式中岛厨房、餐厅，拉大整个公共厅区的比例，形成一个开阔无阻，又能彼此分享、互动的围聚场所。

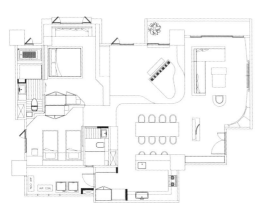

暗架吊顶要设检修孔。在家庭装饰中吊顶一般不设置检修孔，觉得影响美观，孰不知一旦吊顶内管线设备出了故障就无法检查是什么部位、什么原因，更无法修复，因此对于敷设管线的吊顶还是设置检修孔为好，可选择在比较隐蔽易检查的部位，并对检修孔进行艺术处理，譬如与灯具或装饰物相结合设置。

开放厨房运用染灰橡木、檀木交错成水平线条，衬托空间的线条美学。

 悬挂电视的壁面像是竹节的特殊效果，实则巧妙修饰上端大梁，黑色雾面地砖上，刻意搭配温暖的米色沙发、地毯，再利用抱枕的颜色穿插，增添色彩的层次变化，也带来令人深感舒适的画面。

 书房柜体则选择超薄石片的特殊纹理触感，开放展示柜利用烤漆铁板、砂岩涂料为背景，结合上下透光的照明设计，粗糙、细腻的质感对比，也使得铁板方盒更显立体，而其中木纹抽屉可以自由选择位置，包括空间所使用的木皮也是为了与钢琴颜色互相协调。

乐城 3 栋 B 户型 I

设计师：Thomas Marco

项目面积：90 平方米

主要材料：拉丝钢、金镜钢、金镜、清镜、市地板、扪皮、扪布、特色玻璃、水晶灯饰、墙纸、大型花卉、马赛克、云石、地毯

整体装饰设计现代简洁，以白色作主色调，背景墙采用简洁的立体造型。利用少量金镜点缀来衬托时尚华丽的家具，体现出都市人对轻松、个性、时尚生活品味的追求。

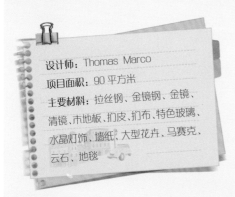

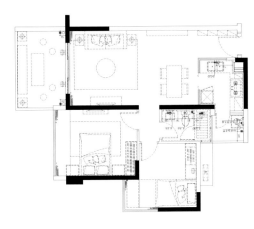

 客厅沙发背景墙用欧式纹样的石膏墙，让欧
式风格强烈而不失温和。

 开敞式的餐厅，让本不很宽敞的空间开阔了起来。纯白色让餐厅看起来更干净整洁。

卧室整体是白色系，不同于常规的
白，采用了珍珠似的柔和珠光的白
色，衬得整体空间温柔浪漫。

 儿童房的墙面用了不规则的线性
光带，让空间极富动感。

厨房、卫生间吊顶宜采用金属、塑料等材质。
卫生间是沐浴洗漱的地方，厨房要烧饭炒菜，
尽管安装了抽油烟机和排风扇，仍然无法把
蒸汽全部排掉，易吸潮的饰面板或涂料就会
出现变形和脱皮。因此要选用不吸潮的材料，
一般宜采用金属或塑料扣板，如采用其他材
料吊顶应采用防潮措施，如刷油漆等。

乐城3栋B户型 II

设计师：Thomas Marco

项目面积：90平方米

主要材料：拉丝钢、金镜钢、金镜、清镜、市地板、扣皮、扣布、特色玻璃、水晶灯饰、墙纸、大型花卉、马赛克、云石、地毯

家庭的简约不只是装修，还反映在家居配饰上，比如不大的屋子，应以不占面积、折叠、多功能等性能为主。

 整体装饰设计为现代简约风格。以白色调为基调，具有现代气息的充满活力色彩的深蓝色作为延伸，背景墙采用简洁而明快的线条缔造动感造型。

利用镜钢这一特定金属将整个立面空间划分，点、线、面各个元素充分结合，达到一种高度融合的状态，搭配独特个性的家具，体现出都市人轻松、有个性的独特追求，从另一个角度全新定位现代人对家和生活的不同感受。

餐厅的餐椅用了纯欧式椅子，简洁的造型让空间看起来明朗整洁。

根据客厅的尺寸、形状及自己的生活方式、习惯，确定家具摆放形式及其活动线。面积较大的房间，最好设计成对称式，无论地面、吊顶还是墙面造型和家具摆放，都呈现出明显的对称格局，达到一种稳重、大方、平和的基调。如果房间较小，结构又杂乱的情况下，一般只能选择均衡式。虽少了一些庄重、豪华，但又多了许多浪漫与现代情调。无论是对称式，还是均衡式，都要保证一条完整流畅的动线，做到动静分区明显，视觉通畅，最大限度地满足客厅里的活动及通往各房间的行动需要。

六都国际 10 号 A 户型样板房

后奢华风格，是 Art Deco 的延续，是对现代西方奢华风格的演绎。Art Deco 是一种设计风格，一场至今尚未结束的现代艺术运动。Art Deco 结合了因工业文化所兴起的机械美学，以较机械式的、几何的、纯粹装饰的线条来表现，如扇形辐射状的太阳光、齿轮或流线型线条、对称简洁的几何构图等，并以明亮且对比的颜色来彩绘，例如亮丽的红色、吓人的粉红色、电器类的蓝色、警报器的黄色、探戈的橘色、带有金属味的金色、银白色以及古铜色等。

设计师：陈志斌

设计公司：鸿扬集团 陈志斌设计事务所

项目面积：121 平方米

主要材料：闪电米黄、银箔、皮质软包、墙纸

 墙面以米黄石材和银镜形成强烈的冷暖色调对比，顶部叠级天花用简洁的线条表现，配以不落俗套的挂饰和家具，全面呈现现代感和高贵感。

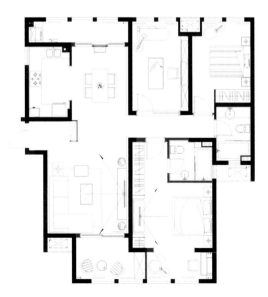

运用硬朗的物料和明快的色调，迸发出赏心悦目的神采。纯洁的质地，精细的工艺配以几何图形的现代版画，显示出奢华的现代感。

主卧背景墙用了砖红色的拼贴，使纯色为主的空间
多彩了起来。

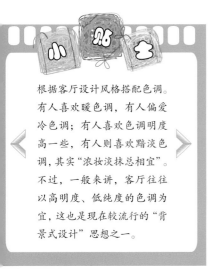

小贴士

根据客厅设计风格搭配色调。
有人喜欢暖色调，有人偏爱
冷色调；有人喜欢色调明度
高一些，有人则喜欢黯淡色
调，其实"浓妆淡抹总相宜"。
不过，一般来讲，客厅往往
以高明度、低纯度的色调为
宜，这也是现在较流行的"背
景式设计"思想之一。

以酷的姿态享受生活

空间是有记忆的，它清晰地刻画着主人每个阶段的状态；家是有灵性的，它大方地透露着主人的性情。设计师深知此道，在这个自我的居家空间里，我们感受到的是冷峻硬朗的色彩与干净冷落的结构。在这种酷劲十足的表象之下，蕴含着主人对待设计的诚恳与忠实来源于功能主义的理想。"不用一片瓷砖"，设计之初，主人便给这个新家烙上了鲜明的材质标签。当我们走进这个空间时，"酷"这个字眼是对目之所及的区域最佳的注解。以较少的色彩，加之金属与玻璃塑以冷峻，营造出居室的男人味。当这样一个居家空间呈现在我们面前的时候，审美上的愉悦不加酝酿地冲击着我们的内心。

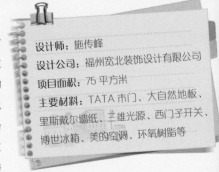

设计师：施传峰

设计公司：福州宽北装饰设计有限公司

项目面积：75 平方米

主要材料：TATA 市门、大自然地板、里斯戴尔墙纸、三雄光源、西门子开关、博世冰箱、美的空调、环氧树脂等

客厅与厨房呈开放式布局，吧台成为衔接这两个功能区域的媒介。吧台的肌理与地面以及电视背景墙统一在一起，斑驳复古的模样略带着工业化的痕迹。这种沧桑的气质透露出一种难以抗拒的神秘感，于是每个到此的宾客都自然而然地被吸引，并为之心动。

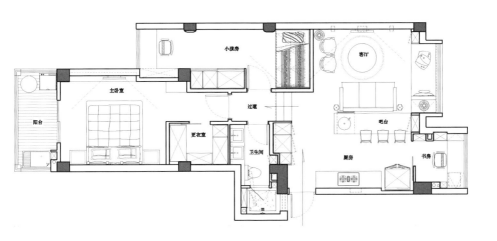

吧台的椅子以现代风格承接着空间的氛围，白色金属的质感适时地缓和了厨房区域的硬朗，几何线条也将装饰意味铺陈其间。我们很难将这里归类到任何一种特定风格的定义当中，这或许便是主人的匠心独运吧。

毗邻厨房的客厅以黑白格调作为主旋律，黑色皮质沙发的体量感在这种氛围的家居空间中显得十分到位，有种扎实的、落地生根的美感。黑色茶几搭配上白色的桌旗，优雅而富有韵律。与沙发对应的白色椅子以及落地灯以极富设计感的造型与黑色系家具形成戏剧化的"对峙"，当灯光打在上面，家的情绪也被调动起来。

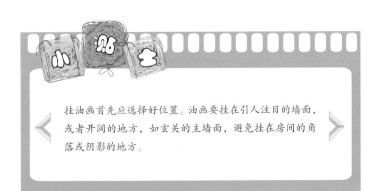

挂油画首先应选择好位置。油画要挂在引人注目的墙面，或者开阔的地方，如玄关的主墙面，避免挂在房间的角落或阴影的地方。

印象·优雅

设计师：潘旭强 刘均如

设计公司：深圳市尚邦装饰设计工程

有限公司

此 项目用独到的设计手法，将视野延伸，增加空间使用功能。视野的延伸不再局限五大空间色系。客厅用了色彩对比鲜明的装饰，在呈现时尚趣味的同时，将空间功能扩大。

沙发上的玩偶使细微处活泼生动起来；圆形的内嵌休闲椅搭配着圆形的咖啡小桌，提升了生活的品质；客厅以多彩的视觉效果呈现，让人充满了期待，隔断所实现的并非是阻隔，而是通过另一种方式将空间联系起来。

与客厅的缤纷格调不同，餐厅的格调显得更加沉稳而又现代。低调中透出一种不一样的情绪，让人走进其中便可以充分享受到空间所带来的惊喜。

挂油画应控制高度。控制挂油画的高度是为了便于欣赏，我们可以参考画廊和博物馆的挂画方法。油画廊和博物馆通常会根据"黄金分割线"来挂画。垂直方向把画作分为8份，从上往下5/8处就是所说的"黄金分割线"。"黄金分割线"距离地面140厘米的水平位置就是挂油画的最佳位置。当然，这是一个大众标准，可以在此基础上进行适当的高度调节。

 宽敞的阳台给人提供了另一份生活选择，形态独特的小桌子置于阳台上，午后独坐其间，一本书，一杯咖啡，便是一个美好的下午。

儿童房的设计以卡通元素为主，在墙面上采用富于卡通形态的墙纸和造型。同时，注重整个空间的色彩对儿童的影响，以缤纷而又舒适的色调交织出美好的视觉印象。

深圳联路芷峪澜湾花园

设计公司：戴勇室内设计师事务所

项目面积：120 平方米

摄影师：江国增

主要材料：俄罗斯云石、巴黎灰云石、印尼火山岩、木饰面、墙纸

　　杯清茶，再配一本古书，静揽一室儒雅。走道对面的佛像慈眉善目，茶几托盘上的兰花清新高雅。地面花纹交错的俄罗斯云石，墙面深色的木饰面，米灰色的墙纸，在暖暖的灯光中呈现出沉稳内敛而又端庄优雅的中式格调。

 精挑细选的家具、古瓶、台灯、挂画、茶具、花艺，
旨在体现出户主高雅不俗的文化品味。现代新中式的
会客厅，早已退去了具体繁琐的表象，挥洒有度的笔触，
不着痕迹地传达出中式的神韵。

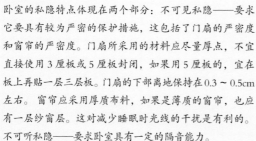

卧室装修注意事项之一：私隐。

卧室的私隐特点体现在两个部分：不可见私隐——要求它要具有较为严密的保护措施，这包括了门扇的严密度和窗帘的严密度。门扇所采用的材料应尽量厚点，不宜直接使用3厘板或5厘板封闭，如果用5厘板的，宜在板上再贴一层三层板。门扇的下部离地保持在0.3～0.5cm左右。窗帘应采用厚质布料，如果是薄质的窗帘，也应有一层纱窗层。这对减少睡眠时光线的干扰是有利的。不可听私隐——要求卧室具有一定的隔音能力。

 卧室新中式的宁静素雅，让空间沉淀，适合静静休息。

 谷室采用落地窗，让空间有种开敞的感觉，将窗外的景色收入室内。

中联天御样板房

设计师：何华武 许太萍

设计公司：福建国广一叶建筑装饰设计
工程有限公司

项目面积：45 平方米

项目地点：福建 福清

主要材料：市纹石、不锈钢、马赛克、
艺术镜面

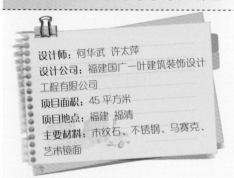

本案的预定背景是都市时尚单身女白领公寓，女主人经常出入高档会所有很强的时尚触觉，所以设计师以"摩登现代"为设计理念，利用色彩、家饰互相搭配，重点式的点缀让都市人快速的步调在家中得到绝对的慰藉。在一般意义上，家是一种生活，在深刻意义上，家是一种思念，在步调甚快的城市之中，经过一日的忙碌扰嚷，家对任何一位城市生活者，是绝对的庇护所。当家中的点滴，能够勾起思念，让你在外时，心之向往，这才真的拥有一个完全属于自己的舒适摩登空间。

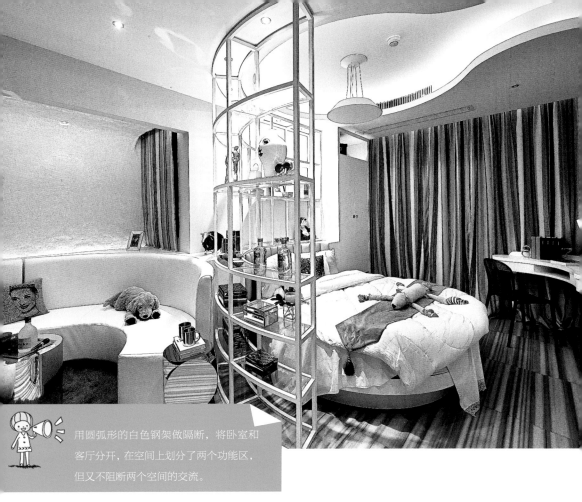

 用圆弧形的白色钢架做隔断，将卧室和客厅分开，在空间上划分了两个功能区，但又不阻断两个空间的交流。

红与白绝对是青春洋溢色调的象征，整体装饰上以永恒的白灰为主旋律，在软装上调味了绚丽的红，让空间从完全的沉着中得到了亮点。居住者回到家中，借由稳重的色系来沉淀外在的一切纷扰、杂乱；也能从红与白中，重新感受整体空间的高雅摩登，成熟中透露出年轻与浪漫。

狭长的厨房用了红白两个颜色，让空间看起来年轻活泼富有朝气。简单的颜色，让不大的空间看起来也不拥挤。

卧室装修注意事项：配色。

卧室的装修，由于居住主体的不同，配色不尽相同。主卧室主调应以温馨为主，地面宜用木地板。不排除在双方审美观相同的情况下采取特定风格配色的可能。次卧室同样应以温馨为主，次卧室一般是老人居住，装修时要考虑老人行动方便的问题。儿童房宜用一些较为活泼的颜色，比较常用的配色是男孩房间用蓝调，女孩房间用粉红调或者米黄调，也可以使用一些带有动物或花、植物图案的墙纸。

远雄·新都样品屋

设计公司：玄武设计群

项目面积：80 平方米

项目地点：台湾 台北

主要材料：银狐石、白色冷烤漆、
特殊壁纸、南非黑石材

美感的迸发，有时来自二维的并置与思辩。无论是东方 VS 西方、现代 VS 古典、科学 VS 玄学，当选定风格主题时，设计者可以通过对立或结合两极的元素，巧妙撷取装饰语汇，激荡出新奇的诗意与美学。以巴洛克风为例，有着表现力量与富足的装饰风格。本案的现代巴洛克则取其精神，而去其繁复夸饰，在华丽富变化的风格中，用色不再夸张，描金只在细节中含蓄表露。

 入口的雷射大理石双圆图案，对应玄关圆与线相嵌的镂空屏风，大气且低调。古典的语汇以圆弧的温润，成为浸透视觉的享受。

 对颜色的低调拿捏，却仍然掩不住细部的丰富耀眼。乳牛图案的双交椅、法式白凹凸浮雕背景墙、银色描花墙纸、单椅沙发与台灯罩，都是黑、白、银轻舞的衣裳。色彩刻意冷冽单纯，创造虚离傲世之感，造型重复雅砌，让人目不暇接。本案设计师特别在公共空间中，以黑与白的低彩度设计，带出新调古典的气息。以客厅为例，白色布沙发与黑色镶白边的主人椅，在空间中进行着优雅对话。除此之外，设计师为了不让空间流于单调，遂以两只进口马毛单椅陈设其中，既带出质感，又起画龙点睛之效。线板的装饰，与天花板的浮雕图腾，也是本案用以贯穿整个公共空间的寓意符号。

 餐厅刻意以多圈线板堆砌出圆形天花板，中央更以法式风格的浮雕与树枝型吊灯相称。设计师更以此浮雕图案，特意同步呈现在围缀客厅的方形天花线板上。两者互相呼应，更凸显玄武设计师团队对塑造一贯风格的用心。餐厅侧边更预留一处兼具书房功能的交谊室，除了传达静宁雅适的休闲气息，更为主人预留心灵沉淀的天地。圆形雕饰的天花下，圆桌、收边角的椅子，深褐色烛台缀链吊灯，映照在餐厅背墙的墨镜上，华丽却不奢华。

缎面光泽的银底黑花主人椅，点亮这一方低彩度的空间。值得一提的是主卧的更衣室，玄武设计团队刻意打造有如高档精品店的展示空间，让试衣的主人，也能尽情在这一方私密空间中旋转挥洒。床头壁板为简化的英式古典造型，有巴洛克的精细对称，却没有雕琢的繁复沉重。梳妆区也展现一贯的黑白对比带来的惊艳，家饰皆细心描绘镶边，创造低调的精致风格。

主卧卫浴干湿分离，浴缸、花洒、双先脸盆，功能一应俱全。银色雕花的镜面边框，更成为这一方盥洗空间中的焦点。

卧室装修注意事项：照明。

卧室的照明要求不多，但需要注意的是，卧室不宜采用向下射的灯具，宜用照顶的灯光。但照顶的灯光如果采用白炽灯的话，可能造成灯上部顶面有发黄的现象。

舒适空间

设计师：郑炳坤

设计公司：Danny Cheng Interiors Ltd

主要材料：市材、云石

这个高层复式单位处于成都环境优越的地段，设计师以精致及简约的设计来凸显属于本案的非一般感觉。大宅拥有先天的优点：大厅的挑高很高，结构良好，宽敞实用，拥有充足的空间感。简单的布局提升空间感及视觉效果，善用不同物料和颜色丰富视觉画面，并以化繁为简的手法，让人感受到整间屋的舒适和宁静。

 餐桌旁的白色半高墙从天而降，反射着吊灯上那些不规则的线条图案，充满视觉美感，立刻成为焦点。

客厅亦同样以半高墙作分间，从远处看，若隐若现，增添神秘感。客厅中的大型 Puzzle Sofa 方便屋主招呼一大班朋友时，有足够的空间活动及接触，是个功能十足的点缀设计。Puzzle Sofa 上摆放了颜色鲜艳的咕臣，以及具有艺术感的人形地灯都为家居注入了时尚的风格。设计师亦巧妙地选用龙骨楼梯来增添家居的层次感。

二楼楼梯旁的落地玻璃，大大增加了透光感，融合了室内外的环境。

 睡房同样以半高墙作区间，与下层互相呼应，统一感觉；
衣柜隐藏在半高墙中，善用了空间并增加其功能性。睡房
设计以舒服洁净及温暖的感觉为主。

相比较于欧式来说，美式家具大部分线条比
较简洁明朗，没有过分繁杂的装饰和打扮，
并且在色彩上慢慢融入了非常具有现代感的
明亮色彩，这与追求轻便、快捷却又不乏生
活品位的装修潮流不谋而合。在现代简约最
经典的黑白素色范畴内，美式家具的优雅气
质被凸显无疑。

东方帝国样品屋

设计师：张清平

设计公司：天坊室内设计

项目面积：300 平方米

主要材料：漆料、黑檀市钢烤、镀锌钢板、金属网、大理石、黑色玻璃、茶镜、进口壁纸、织品

家是解除居住者繁忙工作后紧绷心绪的堡垒，因此将空间的阻隔减至最低是设计的关键。不考虑过多的外在因素，回归到居住者能充分使用每个空间每个角落，以无形的界定串连所有的空间，随心所欲、自在解放。

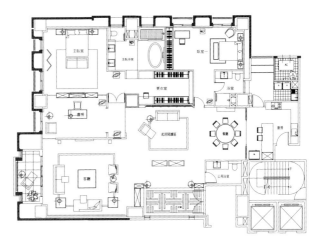

 以东方元素为精神，现代材质为主轴，客厅主墙运用石材及金属编织而成的隔屏延伸至书房和主卧，串连起公、私场域的主轴线。透过场域，彼此的互动观望与迭合，为空间衍生方向引导与视觉流畅的效果。

 空间经验是织构回忆的重要元素，因此设计师期待能为居住者蕴生美好回忆。居住人口单纯，仅夫妻两人，空间规划以两人生活为中心，玄关在开放空间的架构下，运用穿透的书柜作为视觉语言达到指引动向与界定场域的双重目的。

在色彩的运用上利用深色木皮展现东方禅境，一致性色彩或对比色彩突显空间不同量体的可能性，运用剪影的处理手法及天花板的镜面反射使虚与实的概念交错于整个空间。

美式家具倡导"回归自然"，在室内环境中力求表现悠闲、自然的田园生活情趣，同时巧于设置室内绿化，创造自然、简朴、高雅的氛围，与时下流行的环保理念非常契合，并且能为忙碌的新时代业主们在工作之后，带来一片雅致情怀。

南港蒋邸

设计师：黄士华 孟羿 袁筱媛

设计公司：隐巷设计

项目面积：75 平方米

项目地点：台湾 台北

主要材料：柚市染色、黑镜、特殊砂
岩漆

每 个人都梦寐以求一个机能完整、空间干净又舒服的居家空间。
在小宅中因为私密感的需求常会造成过多的门，或是让空间的
机能性被重复的界定，所以如何让空间中避免由过多的门造成多口现
象，另外如何让公共与私人领域可以单纯的独立存在，就成了设计师
们最大的课题。此项目位于台北市南港新住宅区，屋主是一位刚从美
国回到台湾定居的单身男性，可以招待朋友的休闲空间，跟自己独立
私密的房间成为他首重的需求。

将空间完整的一分为二，用一堵完整的墙，将厨房、卫生间、卧房的出入口以及书柜、抽屉、甚至接待客人的单人床统一整合到一面墙上，让空间中不会出现不必要的缺口，保持空间的完整性，也同时满足所有空间机能上的需求。

实木家具的保养：冬季里，最好将家具摆放在远离暖流的地方，譬如暖气片或空调出风口约 1 米处，避免实木家具被热源长时间烘烤后，木材发生局部干裂、变形或漆膜出现局部变质。当然，也不要让阳光直射到家具上。

这面墙的表面是特别在工厂制作类似清水模板的材质，为符合屋主带点粗旷的个性，所有的分割线没有多余的装饰，皆出其有意，内含通往主卧室的门、通往卫生间的门、大量的置物柜、抽屉以及一张活动掀床。

在接近餐厅的部分，为了空间有延伸扩大的感觉，将材质改成黑色镜，推开门可以有 open kitchen 的氛围，将镜面门拉上，又可以保持厨房功能的完整性。整体的空间采用柚木染深的色调，力求稳重及保留一点属于屋主的阳刚味。本案让一面墙不仅仅是一面墙，墙的两边，还存在着不同的态度。

中华地标

设计师：王文亚

设计公司：异国设计

项目地点：台湾 台北

设计者以不浮夸的色调张力，将空间整合出质感的品味与架构，将空间区块连结成一个专属的共同区域。

客厅玻璃主墙面采用木皮透光效果，充分展现出低调中却不失奢华的气势，以极具特色的灯具点缀居家美学，其中壁面金属质感与家具互相呼应，让空间更具洗练。

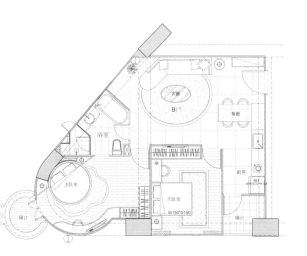

天花板以圆弧型为主轴，天圆地方的设计理念让空间更具圆融性，
创造出独特的视觉品味，餐厅与厨房采用干净利落的配色，餐桌
背墙面贴大片茶色镜面，不仅使空间景深更加延伸开阔，也同时
散发出时尚品味。

室内房间以温馨配色转换气氛，洗
白的白橡木柔和温润的主配色，以
及地坪铺设的舒适地毯，一切的一
切都在放松一天繁忙的生活步调，
并透过圆弧型的柜体设计，空间调
性更一致，动线更为流畅滑顺。

桌上有白垢怎么办？你可以试试以下的清除小秘方：清除木制餐桌上的白垢，可用沾上樟脑油的棉花，沿着白垢的痕迹来回拭擦。如果要清除玻璃上的白垢，可以在有白垢的地方倒些去渍油，再用旧丝袜将其擦掉。

浴室大量使用大理石以及板岩壁砖，加上间接照明光线互相搭配，大气中带着稳重，使得住家没有局限在单一风格，更展现设计活性。

皇璧

设计师：郑炳坤

设计公司：Danny Cheng Interiors Ltd

项目地点：香港

这个复式住宅单位，设计师以精致的设计突显属于这单位的非一般感觉。经过精心的设计及布局，展现单位独特的一面，让屋主拥有一个优美的家。

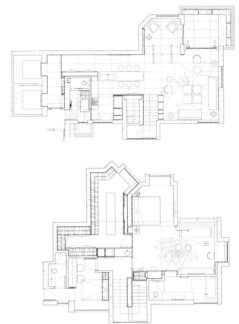

 大门旁的镜墙身可增加空间感之余，亦表现了饭厅的景象，增添趣味。开放式的厨房搭配设有洗手盆的长形白色餐桌，带出开放互动的感觉。

木皮条子旋转门成为客厅的焦点，可将客厅划分出一个隐私度较高的空间给屋主或客人。全高镜钢电视柜可让屋主摆放东西之余，亦提升客厅的格调，突显楼底高的优势。

 设计师以云石作客饭厅的地台，并伸延至户外露台，营造高雅时尚的感觉。客厅的花形图案地毯配合露台的植物、流水声，增添了大自然气息，添上写意的气氛。由厨房、饭厅到客厅，没有间隔墙身，整个空间富有通透感及连贯性。

主人房以棕色作主调，带出和谐的气氛。床背以扪布作墙身，加添舒适的感觉。偏厅提供充足的空间给屋主休息及放松心情。花形图案地毯为主人房增添生气，亦与客厅互相呼应。

楼梯及睡房层铺设了木地板，为休息的空间营造温暖感。

对于编织材质的餐桌椅，尤其是皮质的和布质的来说，被食物的汤汁淋到时若不马上处理，就会产生色差或留下污痕。如果汤汁已经干掉，试试以下的方法：木制餐桌椅可用热抹布把污垢清理掉，再视情况用染料修补。皮质的部分要先把污垢用抹布清理，再用专用染料补色。布质的部分则用刷子沾着浓度为5%的肥皂温水，刷掉脏的部位，再用干净抹布擦干。

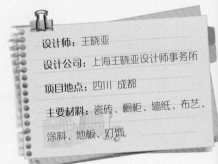

成都·城南一号

简约风格是近来比较流行的一种风格，追求时尚与潮流，注重居
室空间的布局与使用功能的结合。室内布置整体设计用二个字
概括"简约"。基于现代人追求简单生活的心理，简约风格很受追求
时尚又不希望受约束的青年人喜爱。

设计师：王晓亚

设计公司：上海王晓亚设计师事务所

项目地点：四川 成都

主要材料：瓷砖、橱柜、墙纸、布艺、
涂料、地板、灯饰

简洁明快的色调贯穿在不同的材料中，实现简单干净、大气时尚的装修效果，同时注重实用性和移动性，简约却不乏小资情调。

卧室可以说是最神秘也最能体现出每个人性格特点及品位的地方。在外面,我们或许可以表现得活泼、内向、傲慢、张扬;但回到卧室,我们永远是那个真实的自己,所以卧室的设计应当讲究和谐、温和,以达到舒适、温馨的效果。

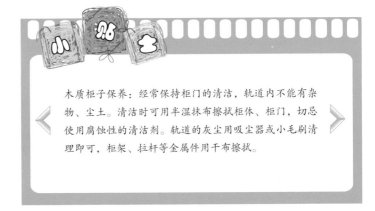

木质柜子保养：经常保持柜门的清洁，轨道内不能有杂物、尘土。清洁时可用半湿抹布擦拭柜体、柜门，切忌使用腐蚀性的清洁剂。轨道的灰尘用吸尘器或小毛刷清理即可，柜架、拉杆等金属件用干布擦拭。

图书在版编目（CIP）数据

小资时尚 / 凤凰空间·天津编． -- 南京 : 江苏科
学技术出版社，2013.10
　（梦想家居就该这样装！）
　ISBN 978-7-5537-1936-8

　Ⅰ．①小… Ⅱ．①凤… Ⅲ．①住宅－室内装饰设计－
图集 Ⅳ．① TU241-64

中国版本图书馆 CIP 数据核字（2013）第 208386 号

梦想家居就该这样装！
小资时尚

编　　　者	凤凰空间·天津	
项 目 策 划	陈　景	
责 任 编 辑	刘屹立	
特 约 编 辑	何红娟	
责 任 监 制	刘　钧	

出 版 发 行	凤凰出版传媒股份有限公司
	江苏科学技术出版社
出版社地址	南京市湖南路1号A楼，邮编：210009
出版社网址	http://www.pspress.cn
总 经 销	天津凤凰空间文化传媒有限公司
总经销网址	http://www.ifengspace.cn
经　　销	全国新华书店
印　　刷	北京建宏印刷有限公司

开　　　本	710 mm×1 000 mm　1 / 16
印　　　张	8
字　　　数	64 000
版　　　次	2013年10月第1版
印　　　次	2013年10月第1次印刷

标 准 书 号	ISBN 978-7-5537-1936-8
定　　　价	29.80元

图书如有印装质量问题，可随时向销售部调换（电话：022-87893668）。